Margret Gruber-Stadler

Heimische Bäume bestimmen

in allen vier Jahreszeiten

Freya Verlag –
unabhängig, familiengeführt, subventionsfrei, werteorientiert, grundsatztreu

Seit über 30 Jahren veröffentlichen wir Bücher, die unseren Überzeugungen entsprechen und ausschließlich einen positiven Beitrag für Mensch, Tier und Umwelt leisten.

Werden Sie Teil unserer Verlagsfamilie – wir wünschen Ihnen viel Freude mit diesem Buch.

www.freya.at

READ GLOBAL BUY LOCAL

MIX
Papier | Fördert gute Waldnutzung
FSC® C118234
FSC www.fsc.org

ISBN 978-3-99025-329-8

8. erweiterte Auflage

www.freya.at

Layout: Margret Gruber-Stadler, **Cover:** Alyssa Kamoun
Lektorat: Dorothea Forster
Fotos: alle Fotos von Margret Gruber-Stadler, außer die Holzquerschnitte von Franz Schörkhuber S. 33, 37, 41, 45, 49, 53, 57, 63, 67, 71, 75, 79, 83, 87, 95, 99, 107, 115, 119, 123, 127, 131, 135, 143, 159, 163, 167, 171, 179, 187

printed by GPS Group

Inhalt

Aufbau des Buches

Bestimmungsschlüssel

Auf der folgenden Seite beginnt der Bestimmungsschlüssel für Nadelbäume und Laubbäume. In sechs Bildern sind die typischen Merkmale des Baumes in allen vier Jahreszeiten dargestellt. Die Nadel- und Laubbäume sind jeweils alphabetisch nach ihrem deutschen Namen geordnet. Unter den Bildern ist die Seitenzahl des Artenporträts zu finden.

grünes Blatt

Habitus

Blüte

Frucht

Borke

Knospe Winter

Artenporträts

In den Artenporträts wird jeder Baum auf vier Seiten vorgestellt. Die erste Seite zeigt den grünen (Sommer-)Baum mit seinem typischem Aussehen (Habitus). Auf der gegenüberliegenden Seite werden das Blatt (Vorder- und Rückseite, Herbstfärbung), ein Zweig und die Borke gezeigt. Bei den Nadelbäumen werden Zweig und Einzelnadel dargestellt. Ergänzt werden die Bilder mit einer kurzen Beschreibung der Art.

Auf den beiden folgenden Seiten werden Blüten, Fruchtstände und Früchte angeführt. Darunter befindet sich je ein Jahresbalken, in dem die Blütezeit und die Fruchtreife farblich gekennzeichnet sind, sowie eine kurze Beschreibung von Blüten und Früchten.

J F M A M J J A S O N D

J F M A M J J A S O N D

Am Ende des Buches befinden sich eine Übersicht aller Blütezeiten und der Monate der Fruchtreife der einzelnen Arten.

In weiteren Bildern werden Habitus und Detailaufnahmen im Jahresverlauf gezeigt. Damit soll die Bestimmung in allen vier Jahreszeiten ermöglicht werden: Blüten im Frühjahr, Fruchtreife im Sommer und Herbst, Knospen und Triebe im Winter.

Begriffe

einhäusig:	Männliche und weibliche Blüten befinden sich auf einem Baum (auf einer Pflanze; auch Monözie).
zweihäusig:	Männliche und weibliche Blüten kommen auf getrennten Individuen (Bäumen) vor (auch Diözie).
eingeschlechtlich:	Die Blüte weist entweder weibliche oder männliche Geschlechtsmerkmale auf.
zwittrig:	Männliche und weibliche Geschlechtsorgane sind in einer Blüte kombiniert.

Eibe

Fichte

Föhre

Lärche

Seite 33

Seite 37

Seite 41

Seite 45

Schwarzkiefer

Tanne

Zirbe

Seite 49

Seite 53

Seite 57

Ahorn – Bergahorn

Ahorn – Feldahorn

Ahorn – Spitzahorn

Apfel – Kulturapfel

Seite 63

Seite 67

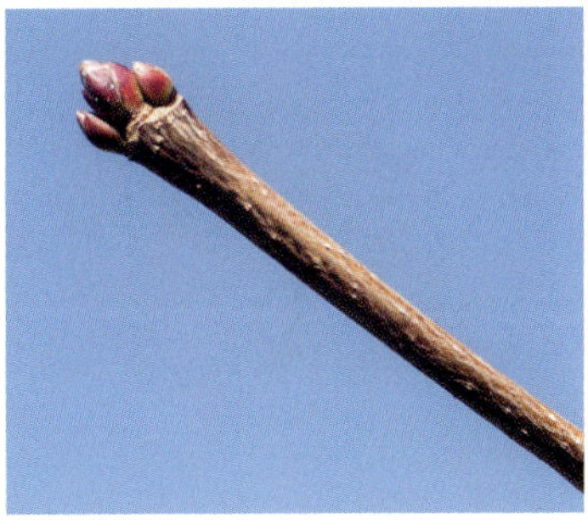

Seite 71

Seite 75

Birke – Hänge-Birke

Birne – Holzbirne, Wildbirne

Buche – Rotbuche

Buche – Blutbuche

Seite 79

Seite 83

Seite 87

Seite 91

Eberesche, Vogelbeere

Eiche – Stieleiche

Eiche – Roteiche

Erle – Grauerle

Seite 95

Seite 99

Seite 103

Seite 107

Erle – Schwarzerle

Esche

Hainbuche

Hasel – Baumhasel

Seite 111

Seite 115

Seite 119

Seite 123

Kastanie – Rosskastanie

Kirsche – Vogelkirsche

Linde – Sommerlinde

Linde – Winterlinde

Seite 127

Seite 131

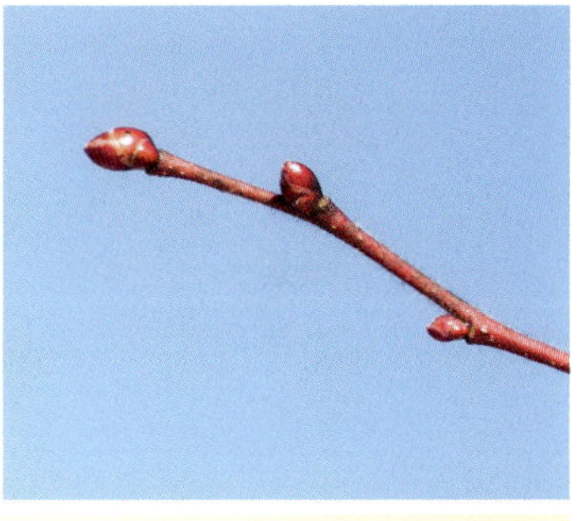

Seite 135

Seite 139

Pappel – Schwarzpappel

Pappel – Pyramidenpappel, Säulenpappel

Pappel – Zitterpappel, Espe

Platane

Seite 143

Der Baum kommt nur als männliche Form vor. Es werden zwar männliche Blüten (Kätzchen), die denen der Schwarzpappel ähneln, gebildet, es entstehen daraus jedoch keine Früchte. Die Vermehrung der Pyramidenpappel, die in einigen Klonlinien existiert, erfolgt vegetativ von Hand durch Stecklinge.

Seite 147

Seite 151

Seite 155

Robinie

Traubenkirsche

Ulme – Bergulme

Walnuss

Seite 159

Seite 163

Seite 167

Seite 171

Weide – Salweide

Weide – Silberweide

Weide – Trauerweide

Weißdorn – Eingriffeliger Weißdorn

Seite 175

Seite 179

Seite 183

Seite 187

Warum dieses Buch entstand

Schon wieder ein Baumführer? Das war die Reaktion vieler, als ich ihnen mein Ansinnen, ein Baumbestimmungsbuch zu gestalten, darlegte. Bei genauerem Nachdenken mussten sie allerdings zugeben, dass sie sehr viele Bäume nicht kennen und zum anderen, dass ein brauchbarer Baumführer schon gefragt wäre. Auch in meiner Bibliothek finden sich Pflanzen- und Baumführer. Dennoch scheitere ich nach wie vor an der Bestimmung mir unbekannter Pflanzen und Bäume, wenn ich die Bücher zur Hand nehme. Warum?

Zum einen ist es die große Anzahl von Pflanzen; 850 in meinem Pflanzenführer. Auch die 170 Bäume im handlichen Baumführer zum Mitnehmen sind zu viele. Die vielen Arten bedingen, dass nur wenige Fotos von einer Pflanze abgebildet sind. Damit kann sehr oft keine eindeutige Bestimmung erfolgen. Die Beschreibung von Blättern, Baumform und Blüten als Ergänzung zum oft einzigen Bild sind wenig hilfreich. Wie heißt es doch: Ein Bild sagt mehr als tausend Worte!

Ein zweites großes Manko sind die Bestimmungsschlüssel: Wo beginne ich zu suchen? Gezeichnete, mit „gefiedert", „geläppt", „schildförmig" und ähnlich beschriebene Blattdarstellungen in Übersichtsbögen sind oft wenig tauglich, eine zielführende Suche zu starten.

Fazit: Nur Fotos können das visuelle Erleben in der Natur auch in einem Baumführer wiedergeben und damit eine Bestimmung des Baumes ermöglichen. Und: Weniger ist mehr: Nicht jeder exotische Zierbaum in Nachbars Garten muss in einem einheimischen Baumführer aufscheinen. Und einen Riesenmammutbaum in unseren Breiten zu finden ist auch eher unwahrscheinlich.

Mit dieser Strategie bleibt in einem noch handlichen Baumführer genug Platz, um jede Art mit ausreichend vielen Fotos zu charakterisieren. Wichtig war für mich, repräsentative Bilder aus allen vier Jahreszeiten zu zeigen, um eine Bestimmung im ganzen Jahr zu ermöglichen. Weitere Informationen zu Verbreitungsgebiet, bevorzugtem Boden und Ähnlichem können im Detail im Internet recherchiert werden.

Ich hoffe, mit diesem Fotoband mit mehr als 1000 Bildern einen Baumführer geschaffen zu haben, der in der freien Natur durch Bildvergleich ein sicheres Erkennen des Baumes ermöglicht. Für mich war es eine Riesenfreude, all die Fotos zu schießen und „meine" Bäume immer wieder zu besuchen.

Weniger ist mehr: Nur die wichtigsten einheimischen Laub- und Nadelbäume werden charakterisiert.

Ein Bild sagt mehr als tausend Worte. Nur Fotos können den visuellen Eindruck der Natur wiedergeben.

Artenportraits

Nadelbäume

Koniferen, Coniferales (auch Pinales)

Bäume sind in unserem Alltagsleben so selbstverständlich wie die Luft zum Atmen, die nicht zuletzt von Pflanzen und Bäumen mit dem für uns überlebenswichtigen Sauerstoff versorgt wird. Ausgedehnte Wälder, aber auch Grün- und Parkflächen mit zahlreichen Bäumen in Städten gehören in unseren Breiten zum normalen Landschaftsbild.

Der Wald hat viele Funktionen: In Österreich ist die Forstwirtschaft von wirtschaftlicher Bedeutung. Holz ist wichtiger Rohstoff für das Handwerk und Gewerbe, die Industrie und die Energiegewinnung. Daneben ist der Wald von enormer ökologischer Bedeutung: als Klima- und Wasserregulator, als Schutz vor Wind und Erosion, als Bannwald im Gebirge. Sein Ökosystem bietet unzähligen Tieren und Pflanzen Lebensraum. Nicht zuletzt auch dem Menschen, den es auf der Suche nach Ruhe und Erholung in die Wälder zieht.

Österreichs Waldfläche ist vorwiegend von Nadelbäumen bedeckt. Wichtigste Baumart in den heimischen Wäldern ist die Fichte mit einem Anteil von knapp 60 %. Die bestandsbildende Fichte ist der Nutzholzlieferant schlechthin. Daneben sind auch die Lärche und die Föhre von forstwirtschaftlicher Bedeutung. Aber auch Tanne, der Baum des Jahres 2015, und Zirbe haben ihren festen Platz in den Wäldern. Vor allem die Zirbe ist im Vormarsch. Zirbenholz verbreitet über Jahre seinen angenehmen, beruhigenden Duft und ist daher begehrt für Möbel in Saunas, Schlafzimmern und Zirbenstuben.

Im Gegensatz zu den Laubbäumen behalten Nadelbäume – mit Ausnahme der Lärche – ihre Blätter über das gesamte Jahr. Die Nadeln weisen eine kleine Oberfläche auf und sind mit einer dicken Wachsschicht bedeckt, die Schutz vor Verdunstung bietet. Damit können die Koniferen auch an wasserarmen Standorten mit Hitze und Frost bestehen.

In Österreich ist fast die Hälfte der Fläche von Wald bedeckt; mit stetigen Zuwachsraten!

Dominante Baumart im Erholungsraum Wald und wichtigster Nutzholzlieferant ist die Fichte mit knapp 60 % Anteil.

Eibe, Europäische Eibe, *Taxus baccata L.*

Familie: Eibengewächse, Taxaceae

Beschreibung: immergrüner Baum
10 bis 20 m hoch
bis über 1000 Jahre alt
breite, kegelförmige Krone, häufig mehrstämmig

Vorkommen: in Buchen - und Mischwäldern bis in etwa 1500 m Seehöhe
häufig in Parks, Friedhöfen und Gärten (Hecken) zu finden

Nadeln: Oberseite dunkelgrün, glänzend
Unterseite mit blass-grünen Streifen

Wissenswertes: Eiben sind für Mensch und Tier stark giftig. Alle Pflanzenteile mit Ausnahme des roten Samenmantels (Arillus) enthalten giftige Taxane.

Die rötliche bis braun-graue Rinde, die tief gefurcht und fetzenartig zerrissen ist, stellt ein markantes Merkmal der Eibe dar.

Aus dem harten und sehr elastischen Holz werden unter anderem Bögen und Holzblasinstrumente gefertigt.

Die Eibe ist in ganz Europa geschützt.

J	**F**	**M**	A	M	J	J	A	S	O	N	D

Blüten: eingeschlechtlich, zweihäusig; männliche Blüten kugelig, weibliche unscheinbar

J	F	M	A	M	J	J	A	S	O	N	D

Früchte: Scheinbeeren mit Samen in leuchtend rotem Samenmantel (Arillus, nicht giftig)

Fichte, Gemeine Fichte, *Picea abies*

Familie: Kieferngewächse, Pinaceae

Beschreibung:

immergrüner Baum
25 bis 70 m hoch
bis 400 Jahre alt
gleichmäßige, kegelförmige Krone auf geradem Stamm

Vorkommen:

ab 600 m Seehöhe
häufigste heimische Baumart
wichtigster Nutzholzlieferant
bestandsbildend

Nadeln:

steif, spitz, stechend
dunkelgrün
allseitig am Zweig stehend

Wissenswertes:

Wegen ihrer kupferbraunen Rinde wird die Fichte auch Rottanne oder Rot-Fichte genannt.

Das helle Holz wird gerne für den Haus- und Möbelbau verwendet. Weiters Nutzung für die Zellstoff- und Papierherstellung.

Das ätherische Öl der Fichte wird zur Behandlung von Bronchitis und Rheuma verwendet; in Badezusätzen fördert es die Durchblutung.

J	F	M	A	M	J	J	A	S	O	N	D

Blüten: eingeschlechtlich, einhäusig; weibliche Blütenstände nur im oberen Kronenbereich

J	F	M	A	M	J	J	A	S	O	N	D

Früchte: hellbraune, herabhängende Zapfen, harzig, bis 15 cm lang; fallen als Ganzes ab

Föhre, Waldkiefer, *Pinus sylvestris*

Familie: Kieferngewächse, Pinaceae

Beschreibung:

immergrüner Baum
15 bis 40 m hoch
bis 400 Jahre alt
kegel- bis schirmförmige Krone; hoher, astfreier Stamm

Vorkommen:

vom Tiefland bis 1600 m, teils bis 2000 m Seehöhe
wichtiger Nutzholzlieferant
bestandsbildend

Nadeln:

paarweise in Nadelscheide zusammengefasst, entlang der Längsachse gedreht
blau- bis graugrün, 4 bis 8 cm

Wissenswertes:

Die Föhre wird auch Kiefer, Waldkiefer, Weißkiefer, Rotföhre oder Forche genannt.

Nutzung als Bau- und Möbelholz.

Aus dem Harz der Kiefer können Terpentinöl und Kolophonium gewonnen werden. Das aus Nadeln und Zweigspitzen destillierte ätherische Öl wirkt schleimlösend.

Bei der Föhre lassen sich die beiden Nadeln am Kurztrieb nicht zu „einer Nadel“ zusammenfassen, während dies bei der Schwarzkiefer möglich ist.

J	F	M	A	M	J	J	A	S	O	N	D

Blüten: eingeschlechtlich, einhäusig; aus den weiblichen Blüten bilden sich die Zapfen

J	F	M	A	M	J	J	A	S	O	N	D

Früchte: hängende, kurz gestielte, breite Zapfen, bis 8 cm lang; erst im zweiten Jahr reif

Lärche, *Larix decidua*

Familie: Kieferngewächse, Pinaceae

Beschreibung:

sommergrüner Baum
25 bis 40 m hoch
300 bis 600 Jahre alt
regelmäßige, schlanke Krone, im Alter abgeflacht

Vorkommen:

bis 2500 m Seehöhe
in Mischbeständen mit Fichte, Zirbe, Föhre und Rotbuche
bestandsbildend

Nadeln:

an Kurztrieben in Büscheln zu 20 bis 40 Stück angeordnet
fallen im Herbst goldgelb ab

Wissenswertes:

Die Lärche ist der einzige heimische Nadelbaum, der im Herbst die Nadeln abwirft.
Wichtiger Nutzholzlieferant.
Das harzreiche Holz wird als Bau- und Möbelholz sowie im Schiffsbau verwendet.
Aus dem Harz wird Lärchenterpentin gewonnen, das antiseptisch wirkt und für Salben, Emulsionen, Pflaster und Badezusätze, aber auch für Lacke und Klebstoffe genutzt wird.

J	F	M	A	M	J	J	A	S	O	N	D

Blüten: eingeschlechtlich, einhäusig; weibliche und männliche Blüten erscheinen vor den Nadeln an zwei- und dreijährigen Kurz- und Langtrieben

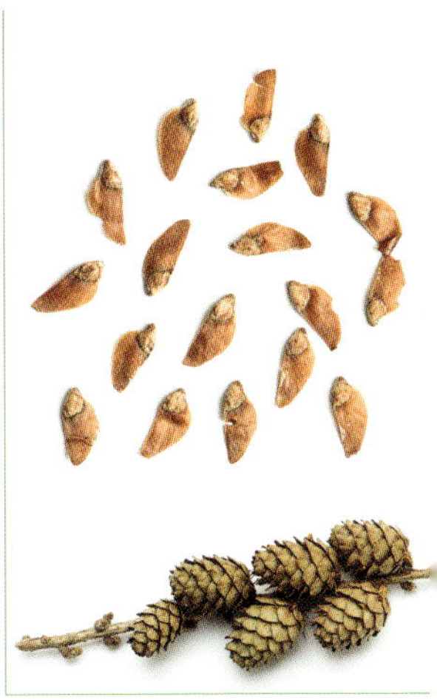

J	F	M	A	M	J	J	A	S	O	N	D

Früchte: kleine, aufrecht stehende Zapfen, erst im nächsten Frühjahr reif, die leeren Zapfen fallen erst nach 10 Jahren mit dem Zweig vom Baum

Schwarzkiefer, *Pinus nigra*

Familie: Kieferngewächse, Pinaceae

Beschreibung:
immergrüner Baum
20 bis 40 m hoch
500 bis 600 Jahre alt
kegelförmige Krone, im Alter schirmförmig abgeflacht

Vorkommen:
Tiefland bis 2000 m Seehöhe
in Österreich meist aufgeforstet
beliebter Park- und Gartenbaum

Nadeln:
zweinadelige Kurztriebe
steif, stechend, 10–15 cm lang
dunkelgrün bis schwarz-grün

Wissenswertes:
Es gibt zahlreiche Arten in Europa, darunter die Österreichische Schwarzkiefer (Pinus nigra ssp. austriaca).
Rohstoff für die Zellstoff- und Papierindustrie.
Aus dem Harz werden durch Destillation Kolophonium und Terpentin gewonnen.
Die dunkelgraue bis schwarzbraune Borke ist namensgebend.
Im Unterschied zur Föhre lassen sich die beiden Nadeln am Kurztrieb zu „einer Nadel" zusammenfassen.

J	F	M	A	M	J	J	A	S	O	N	D

Blüten: eingeschlechtlich, einhäusig; Blüten endständig an Langtrieben

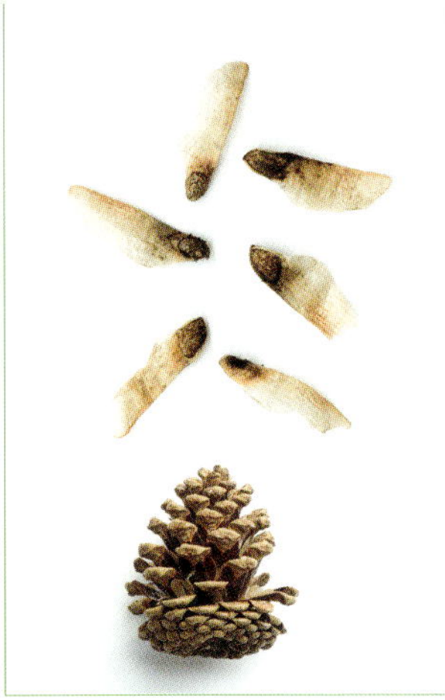

J	F	M	A	M	J	J	A	S	O	N	D

Früchte: waagrecht abstehende Zapfen mit kurzem Stiel, ca. 8 cm lang, erst im 2. Jahr reif

Tanne, Weißtanne, *Abies alba*

Familie: Kieferngewächse, Pinaceae

Beschreibung: immergrüner Baum
30 bis 50 m hoch
bis 500 Jahre alt
schlank, kegelförmig mit waagrecht abstehenden Ästen

Vorkommen: von 200 bis 1800 m Seehöhe
in Nadel- und Laub-Nadel-Mischwäldern (mit Fichte, Buche und Föhre)
bestandsbildend

Nadeln: glänzend dunkelgrün, stumpf, auf Unterseite zwei silbrig-weiße Wachsstreifen
in Doppelreihen gescheitelt

Wissenswertes: Das helle Holz harzt nicht. Es wird für den Möbelbau sowie speziell für die Fertigung von Fenstern, Fußböden und Türen verwendet. Im Instrumentenbau wird es für Resonanzböden und Orgelpfeifen verwendet.

Die antimikrobiellen ätherischen Öle der Tanne werden für Einreibungen und in Erkältungsbalsamen eingesetzt.

Tannen sind die schadstoffempfindlichste einheimische Baumart.

J	F	M	A	M	J	J	A	S	O	N	D

Blüten: eingeschlechtlich, einhäusig; weibliche Blüten nur im Kronenbereich

J	F	M	A	M	J	J	A	S	O	N	D

Früchte: aufrecht stehende Zapfen, die am Baum im Blütejahr zerfallen (leere Zapfenspindel)

Zirbe, Zirbel-Kiefer, Arve, *Pinus cembra*

Familie: Kieferngewächse, Pinaceae

Beschreibung: immergrüner Baum
20 bis 25 m hoch
bis 1000 Jahre alt
säulenförmige Krone, oben stumpf

Vorkommen: in Hochlagen bis 2500 m Seehöhe (Waldgrenze)
im Mischbestand mit Lärche
bestandsbildend

Nadeln: in Büscheln zu je 5 an Kurztrieben, 5 bis 11 cm lang
steif und spitz, dunkelgrün

Wissenswertes: Die Bezeichnung Zirbe ist in Österreich und Bayern gebräuchlich, in der Schweiz wird der Baum Arve genannt. Der Mischbestand der Hochgebirgsregion aus Zirbe und Lärche wird als Arven-Lärchenwald bezeichnet.

Das Holz der Zirbe ist für Tischler- und Schnitzarbeiten sehr begehrt.

Die nahrhaften Samen werden zum Backen verwendet. Aus den Zapfen wird Zirbenschnaps hergestellt.

J	F	M	A	M	J	J	A	S	O	N	D

Blüten: eingeschlechtlich, einhäusig; ab 40 Jahren mannbar; weibliche Blüten vor allem im oberen Kronendrittel, männliche Blüten im unteren Kronendrittel

J	F	M	A	M	J	J	A	S	O	N	D

Früchte: 6–8 cm große Zapfen mit ungeflügelten, essbaren Samen (Zirbelnüsse), fallen im Frühjahr des dritten Jahres als Ganzes ab

Laubbäume

Laubbäume spielen zwar in den heimischen Wäldern eine wichtige Rolle, sind aber anteilsmäßig in einem viel geringeren Ausmaß vorhanden als Nadelbäume. Meist treten sie in Mischwäldern mit Nadelbäumen auf. Wichtigster Laubbaum ist die Buche, die auch von forstwirtschaftlicher Bedeutung ist. Eiche, Esche und Ahorn sind weitere Vertreter in den Waldgebieten.

Laubbäume sind die „grüne Lunge" der Städte, spenden Schatten und regulieren das Mikroklima.

Ihren dominierenden Platz haben die Laubbäume in Siedlungsgebieten und Städten. Sie bieten nicht nur Schutz vor Wind und Schlagregen und verschönern dabei die Betonwüsten, sondern sorgen als „grüne Lunge" auch für eine Verbesserung des Mikroklimas in Städten. Ein großer Baum bindet in einem Jahr rund 100 kg an Grob- und Feinstäuben aus der Luft, die vom Regen nach und nach ausgewaschen und weggespült werden. Mit ihrer Photosynthese nehmen die Bäume das Kohlendioxid aus den Abgasen der Autos auf.

Laubbäume wirken in Siedlungsgebieten als leistungsfähige Klimaanlagen. Zum einen spenden sie Schatten und mindern damit die sommerliche Aufheizung der unteren Luftschichten in verbauten Arealen. Zum anderen verbrauchen sie durch Verdunstung von Wasser über ihre Blätter Wärme. Damit können Kühleffekte von bis zu 5 °C erzielt werden. Zudem versorgt ein einziger Altbaum fünf Menschen mit Sauerstoff.

Ihre wohltuende Funktion als Schattenspender erfüllen Laubbäume nicht nur in Städten und Parks, sondern auch im ländlichen Siedlungsraum. Hier ist diese ökologische Funktion oft mit einer zentralen Rolle im Gesellschaftsleben gekoppelt. Die Dorflinde oder die Dorfeiche sind meist fest im Dorfleben integriert und kommunikativer Treffpunkt für Jung und Alt. Unter Kastanienbäumen trifft man sich häufig beim Dorfwirt zum gemütlichen Beisammensein. Laubbäume sind Orte der Begegnung und des Brauchtums. Sie sind fester Bestandteil unseres Kulturgutes.

Laubbäume stellen in Dörfern Orte der Begegnung und des Brauchtums dar. Sie sind fester Bestandteil unseres Kulturgutes.

Nicht zuletzt ihr imposantes Aussehen, das Laubbäume besonders im Freistand entwickeln, und ihr oft methusalemhaftes Alter beeindrucken uns Menschen. Jahr für Jahr – weit länger als ein(ige) Menschenleben lang – bringen sie Knospen, Blätter, Blüten und Früchte hervor, trotzen Wind und Wetter sowie allen Schadstoffbelastungen und regenerieren sich immer wieder neu. Wir Menschen sind Nutznießer dieser faszinierenden Erfolgsgeschichte der Bäume.

Ahorn – Bergahorn, *Acer pseudoplatanus*

Familie: Ahorngewächse, Sapindaceae

Beschreibung:

sommergrüner Baum

25 bis 40 m hoch

bis 500 Jahre alt

breite, gewölbte Krone auf kräftigem Stamm

Vorkommen:

im Tiefland und im Gebirge bis zur Waldgrenze (1700 m)

in Laubmisch- und Auwäldern

im Bergland mit Nadelhölzern

Blätter:

Oberseite glatt

Unterseite heller, Hauptnerven behaart

Wissenswertes:

Samen und Keimblätter enthalten giftige Aminosäuren, die beim Menschen schwere Vergiftungen hervorrufen können.

Die Früchte werden vom Wind verbreitet. Dabei führt die Form der Flügelfrüchte zu einer bremsenden Drehbewegung („Hubschrauber“), was aufgrund der Drift zu einem größeren Verbreitungsradius beiträgt.

Das helle, feste Holz wird für den Musikinstrumentenbau (Gitarre, Geige) genutzt.

J	F	M	A	M	J	J	A	S	O	N	D

Blüten: eingeschlechtlich und zwittrig, einhäusig; erscheinen mit oder nach den Blättern

J	F	M	A	M	J	J	A	S	O	N	D

Früchte: geflügelte Nussfrüchte, im spitzen Winkel angeordnet

Stadtpark
Rapoldi

Ahorn – Feldahorn, *Acer campestre*

Familie: Ahorngewächse, Sapindaceae

Beschreibung:	sommergrüner Baum 10 bis 15 m hoch bis 150 Jahre alt breite, rundliche Krone auf niedrigem Stamm
Vorkommen:	im Tiefland bis 1000 m Höhe in Mischwäldern als Feldhecken und an Weg- und Waldrändern
Blätter:	Oberseite dunkelgrün, matt bis schwach glänzend Unterseite heller, kahl, Hauptnerven behaart
Wissenswertes:	Der Feldahorn ist ein raschwüchsiges Gehölz und wird daher häufig zur Begrünung von Straßenböschungen und Dämmen angepflanzt. Der Feldahorn wird auch Maßholder genannt. Dieser Name leitet sich von der früheren Verwendung des Feldahorn als Speisebaum ab. Die Blätter wurden wie Sauerkraut gegessen.

J	F	M	A	**M**	J	J	A	S	O	N	D

Blüten: eingeschlechtlich und zwittrig, einhäusig; erscheinen mit den Blättern

J	F	M	A	M	J	J	A	**S**	**O**	N	D

Früchte: geflügelte Nussfrüchte, waagrecht abstehend

Ahorn – Spitzahorn, *Acer platanoides*

Familie: Ahorngewächse, Sapindaceae

Beschreibung:

sommergrüner Baum
15 bis 25 m hoch
bis 150 Jahre alt
runde Krone auf kurzem Stamm

Vorkommen:

vom Tiefland bis 1000 m Höhe
in Laubmisch-, Au- und Schluchtwäldern
als Feldgehölz und Alleebaum

Blätter:

Oberseite glänzend
Unterseite heller
Blattnerven schwach behaart

Wissenswertes:

Beim Spitzahorn treiben die Blüten vor den Blättern aus und kommen dadurch voll zur Geltung (siehe Foto links). Die starke Nektarproduktion lockt Bienen und andere Insekten an.

Die Früchte werden vom Wind verbreitet. Dabei führt die propellerartige Form der Flügelfrüchte zu einer bremsenden Drehbewegung („Hubschrauber“).

Das sehr zug- und druckfeste Holz ist ausgezeichnet für den Bogenbau geeignet.

J	F	M	**A**	**M**	J	J	A	S	O	N	D

Blüten: eingeschlechtlich und zwittrig, einhäusig; erscheinen vor den Blättern

J	F	M	A	M	J	J	A	S	**O**	N	D

Früchte: geflügelte Nussfrüchte, im stumpfen Winkel angeordnet

Apfel – Kulturapfel, *Malus domestica*

Familie: Rosengewächse, Rosaceae

Beschreibung:

sommergrüner Baum

8 bis 15 m hoch

weit ausladende Krone auf geradem Stamm

Vorkommen:

in Streuobstwiesen, Gärten und Plantagen

nach Orangen und Bananen weltweit am häufigsten angebauter Fruchtbaum

Blätter:

anfangs beidseitig dicht behaart, später Oberseite glänzend dunkelgrün

Wissenswertes:

Die heutigen Kulturapfelsorten stammen vom Holzapfel (Wildform) ab. Im Unterschied zum Wildapfel hat der Kulturapfelbaum keine Dornen an den Ästen. Der Wildapfel schmeckt holzig und säuerlich und wird nur 2 bis 4 cm dick.

Der Apfel gilt in unseren Breiten als „das Obst" schlechthin.

Das harte, rötliche Holz des Apfelbaumes zählt zu den Edelhölzern und wird gerne für Drechsel- und Schnitzarbeiten verwendet.

J	F	M	A	M	J	J	A	S	O	N	D

Blüten: zwittrig, einhäusig; erscheinen unmittelbar vor oder mit den Blättern

J	F	M	A	M	J	J	A	S	O	N	D

Früchte: Apfelfrüchte, je nach Sorte grünliche, gelbe oder rote Färbung

Birke – Hänge-Birke, Weißbirke, *Betula pendula*

Familie: Birkengewächse, Betulaceae

Beschreibung:
sommergrüner Baum
10 bis 25 m hoch
90 bis 120 Jahre alt
spitzkegelige, schmale Krone, später rundlich gewölbt

Vorkommen:
vom Tiefland bis 1900 m Höhe
in Birken-Eichenwäldern
an Waldlichtungen und Wegrändern
Pionierbaum

Blätter:
beidseitig kahl
nach dem Austrieb leicht klebrig

Wissenswertes:
Die weiße Rinde der Birke ist für Nässe undurchlässig und enthält Birkenteer (Verwendung für Fackeln).
Zuckerhaltiger Birkensaft kann im Frühjahr aus dem Stamm gezapft und als Hausmittel gegen Rheuma und Gicht verwendet oder zu Birkenwein vergoren werden.
Die Blätter werden in Nieren- und Blasentees angewendet.
Das weiche, sehr helle Holz wird für den Möbel- und Innenausbau sowie als Brennholz genutzt.

J	F	M	**A**	**M**	J	J	A	S	O	N	D

Blüten: eingeschlechtlich, einhäusig; männliche Kätzchen überwinternd

J	F	M	A	M	J	J	A	S	O	N	D

Früchte: walzenförmige Fruchtkätzchen mit geflügelten Nussfrüchten

Birne – Wildbirne, Holzbirne, *Pyrus pyraster*

Familie: Rosengewächse, Rosaceae

Beschreibung:
sommergrüner Baum
8 bis 20 m hoch
100 bis 150 Jahre alt
kegelförmige, hochgezogene Krone

Vorkommen:
bis 850 m Seehöhe
in trockenen Eichenwäldern und Gebüschen
an sonnigen Hängen

Blätter:
kahl und glänzend
kurz nach Austrieb behaart
Blattstiel länger als Blatt

Wissenswertes:
Die Früchte der Wildbirne weisen zahlreiche Steinzellennester auf, die für eine Verholzung sorgen, was im Namen Holz-Birne zum Ausdruck kommt.

Aus der Holzbirne wurden die heutigen Kultursorten gezüchtet, bei denen die Steinzellennester weitgehend herausgezüchtet wurden.

Das Holz zählt zu den Edelhölzern und wird für verschiedene Drechsel-, Schnitz- und Tischlerarbeiten verwendet.

J	F	M	A	M	J	J	A	S	O	N	D

Blüten: zwittrig, einhäusig; erscheinen mit den Blättern; Bestäubung durch Insekten

J	F	M	A	M	J	J	A	S	O	N	D

Früchte: lang gestielte Apfelfrucht, herbsauer schmeckend mit zahlreichen verholzten Zellen

Buche – Rotbuche, Gemeine Buche, *Fagus sylvatica*

Familie: Buchengewächse, Fagaceae

Beschreibung:
sommergrüner Baum
20 bis 30 m hoch
150 bis 300 Jahre alt
Krone zunächst schlank, später breit und rundlich

Vorkommen:
vom Flachland bis zu 1500 m
in Laubmischwäldern
bestandsbildend

Blätter:
Oberseite kahl, glänzend
Unterseite heller, Hauptnerven behaart
Wimpernhaare am Blattrand

Wissenswertes:
Der Name „Rotbuche“ leitet sich von der leicht rötlichen Färbung des Holzes ab.

Buchenholz hat einen sehr hohen Brennwert und eignet sich aufgrund der starken Glutbildung sehr gut zum Grillen.

Das rötliche, harte Holz wird für Möbel, Treppen und Parkett verwendet. Es wird aber auch zur Herstellung von Musikinstrumenten (Klavier, Orgel) eingesetzt.

J	F	M	**A**	**M**	J	J	A	S	O	N	D

Blüten: eingeschlechtlich, einhäusig; erscheinen mit den Blättern an jungen Trieben

J	F	M	A	M	J	J	A	S	O	N	D

Früchte: dreieckige Bucheckern (Nussfrüchte) in aufklappendem Fruchtbecher; leicht giftig

Buche – Blutbuche, ***Fagus sylvatica 'Purpurea'***

Familie: Buchengewächse, Fagaceae

Beschreibung:

sommergrüner Baum
25 bis 30 m hoch
über 200 Jahre alt
breite, gewölbte Krone
Stamm häufig geteilt

Vorkommen:

in Parks und Gärten
in Friedhöfen
als Hecken

Blätter:

Oberseite kahl, glänzend
auf Unterseite Hauptnerven behaart
Wimpernhaare am Blattrand

Wissenswertes:

Die Blutbuche, auch Purpurbuche genannt, ist eine häufig in Parks und Gärten angepflanzte Zierform (Mutation) der Rotbuche. Für die intensive dunkle Färbung ist der Farbstoff Anthocyan verantwortlich, der zusammen mit dem Blattgrün der Zellen die fast schwarz-rote Farbe ergibt. Für eine schöne Ausfärbung ist ein sonniger Standort notwendig. Schattenblätter sind grünlicher.

J	F	M	A	M	J	J	A	S	O	N	D

Blüten: eingeschlechtlich, einhäusig; erscheinen mit den Blättern an jungen Trieben

J	F	M	A	M	J	J	A	S	O	N	D

Früchte: dreieckige Bucheckern (Nussfrüchte) in aufklappendem Fruchtbecher; leicht giftig

Eberesche, Vogelbeere, *Sorbus aucuparia*

Familie: Rosengewächse, Rosaceae

Beschreibung: sommergrüner Baum
5 bis 25 m hoch
80 bis 100 Jahre alt
oft mehrstämmig
rundliche, lichte Krone

Vorkommen: von Tieflagen bis 2400 m
oft im Landschafts- und Gartenbau angepflanzt
Pionierbaum

Blätter: Oberseite dunkelgrün,
Unterseite hellgrün, behaart
9 bis 19 Blattfiedern
duften beim Zerreiben nach Bittermandelaroma

Wissenswertes: Die Eberesche ist auch unter dem Namen Vogelbeere bekannt. Mehr als 60 Vogelarten schätzen die Früchte.

Diese enthalten viel Vitamin C und sind für die Herstellung von Marmelade geeignet. Roh genossen können die Früchte zu Magenproblemen führen.

Vogelbeerschnaps zählt zu den Edelbränden.

Das Holz der Eberesche eignet sich sehr gut für Drechsel- und Schnitzarbeiten.

J	F	M	A	M	J	J	A	S	O	N	D

Blüten: zwittrig, einhäusig; erscheinen mit oder nach den Blättern

J	F	M	A	M	J	J	**A**	**S**	**O**	N	D

Früchte: orangerot bis korallenrot, erbsengroß; zählen zu den Apfelfrüchten; genießbar

Eiche – Stieleiche, Sommereiche, *Quercus robur*

Familie: Buchengewächse, Fagaceae

Beschreibung:

sommergrüner Baum
20 bis 40 m hoch
500 bis 1000 Jahre alt
breite, hochgewölbte Krone auf kurzem Stamm; „knorrig“

Vorkommen:

vom Tiefland bis ins mittlere Bergland (1000 m Seehöhe)

Blätter:

Oberseite matt dunkelgrün
Unterseite heller, kahl
kurz gestielt (Traubeneiche mit 1–2 cm deutlich längere Stiele)
Öhrchen am Blattgrund (siehe Detailbild)

Wissenswertes:

Die Stieleiche hat ihren Namen von den an langen Stielen hängenden Eicheln – eines der Unterscheidungsmerkmale zur Traubeneiche (Wintereiche), bei der die Eicheln in Trauben an kurzen Stielen reifen.

Die Gerbstoffe in der Rinde wurden lange in der Ledergerberei eingesetzt.

Das harte, widerstandsfähige Holz wird neben dem Möbel-, Innen- und Hausbau auch für den Boots- und Schiffsbau sowie für Whisky- und Weinfässer verwendet.

J	F	M	**A**	**M**	J	J	A	S	O	N	D

Blüten: eingeschlechtlich, einhäusig; erscheinen kurz vor oder zusammen mit Laubaustrieb

J	F	M	A	M	J	J	A	S	O	N	D

Früchte: Nussfrüchte (Eicheln) in flachem Fruchtbecher auf 4–6 cm langen Stielen (Name!)

Eiche – Roteiche, *Quercus rubra*

Familie: Buchengewächse, Fagaceae

Beschreibung:

sommergrüner Baum
20 bis 35 m hoch
bis 400 Jahre alt
runde, hochgewölbte Krone auf langem Stamm

Vorkommen:

Park-, Allee- und Forstbaum
Neophyt aus Nordamerika

Blätter:

Oberseite matt dunkelgrün, Unterseite heller, kahl
jüngere Bäume im Herbst prächtig rot und orange, ältere bräunlich und gelb

Wissenswertes:

Die Roteiche wurde zu Beginn des 18. Jahrhunderts aus Nordamerika nach Europa eingeführt. Sie ist weniger empfindlich gegenüber Schädlingen als die Stiel- und Traubeneiche und wird deshalb als schnellwüchsiger Forstbaum genutzt.

Das Holz ist wie das der Stiel- und Traubeneiche hart und widerstandsfähig, weist aber eine weniger gleichmäßige Maserung auf und wird daher für Außenfassaden und Terrassen eingesetzt.

J	F	M	A	M	J	J	A	S	O	N	D

Blüten: eingeschlechtlich, einhäusig; erscheinen kurz vor oder zusammen mit Laubaustrieb

J	F	M	A	M	J	J	A	S	O	N	D

Früchte: 1–2 Nussfrüchte (Eicheln, 2–3 cm lang) in flachem Fruchtbecher auf kurzem Stiel

Erle – Grauerle, Weißerle, *Alnus incana*

Familie: Birkengewächse, Betulaceae

Beschreibung:
sommergrüner Baum
10 bis 20 m hoch
bis 50 Jahre alt
kegelförmige Krone
meist mehrstämmig

Vorkommen:
in Gebirgslagen bis 1600 m
an Flüssen und Bächen
in Auwäldern
Pionierbaum

Blätter:
Oberseite dunkelgrün, kahl
Unterseite anfangs graufilzig,
später Blattnerven behaart

Wissenswertes:
Die Grauerle wird häufig zur Aufforstung von Abraumhalden und zur Stabilisierung von Hängen und Böschungen verwendet. Sie ist eine Pionierpflanze und trägt durch die Bindung von Stickstoff zur Bodenverbesserung bei.

Erlenholz ist weich, aber dennoch fest. Es wird als Brennholz, Faserholz, zur Herstellung von Span- und Faserplatten, aber auch für Drechselarbeiten und zur Herstellung von Spielwaren genutzt. Weiters ist es Rohstoff für die Papierindustrie.

J	F	M	A	M	J	J	A	S	O	N	D
		(hervorgehoben)	(hervorgehoben)								

Blüten: eingeschlechtlich, einhäusig; blüht lange vor Laubaustrieb; männliche Kätzchen frei überwinternd, weibliche Kätzchen an kurzen Stielen (Unterschied zur Schwarzerle)

J	F	M	A	M	J	J	A	**S**	**O**	N	D

Früchte: 4–8 graubraune Fruchtzapfen mit geflügelten Nussfrüchten an kurzen Stielen (Unterschied zur Schwarzerle); verholzte Zapfen vom Vorjahr verbleiben am Baum

Erle – Schwarzerle, Roterle, *Alnus glutinosa*

Familie: Birkengewächse, Betulaceae

Beschreibung: sommergrüner Baum
25 bis 40 m hoch
bis 120 Jahre alt
pyramidale Krone auf geradem Stamm

Vorkommen: im Flachland und in Gebirgslagen bis 1200 m Seehöhe
an Flüssen und Bächen
Moor- und Sumpfgehölz
Pionierbaum

Blätter: Oberseite dunkelgrün, kahl
Unterseite gelbliche Haarbüschel, anfangs klebrig

Wissenswertes: Die Schwarzerle überdauert Hochwasser sehr gut. Totes Holz ist unter Wasser sehr beständig; Venedig ist auf Erlen- und Eichenpfählen erbaut.

Der Name Roterle stammt von der rötlichen Färbung des frisch geschlagenen Holzes. Das Holz wird als Möbel- und Sperrholz sowie für Bleistifte verwendet.

Die Rinde wurde früher zum Schwarzfärben von Leder verwendet (Name). Aus den Zapfen wurde schwarze Tinte gewonnen.

J	F	M	A	M	J	J	A	S	O	N	D

Blüten: eingeschlechtlich, einhäusig; blüht lange vor Laubaustrieb; Blütenstände (Kätzchen) frei überwinternd, weibliche Kätzchen an langen Stielen (Unterschied zur Grauerle)

J F M A M J J A **S** **O** N D

Früchte: holzige bis 2 cm große Fruchtzapfen an langen Stielen mit Nussfrüchten, die im Herbst und Winter aus Zapfen fallen; verholzte Zapfen vom Vorjahr verbleiben am Baum

Esche, Gemeine Esche, *Fraxinus excelsior*

Familie: Ölbaumgewächse, Oleaceae

Beschreibung: sommergrüner Baum
bis 40 m hoch
200 bis 300 Jahre alt
offene, rundlich bis ovale, hochgewölbte Krone auf geradem Stamm

Vorkommen: vom Flachland bis in mittlere Berglagen
entlang von Flüssen und Bächen

Blätter: 9 bis 15 Fiederblätter
Oberseite frischgrün, kahl
Unterseite heller, Hauptnerven behaart

Wissenswertes: Ein Eschenbaum kann entweder nur männliche oder nur weibliche, aber auch zwittrige Blüten tragen.

Das zähe, elastische Eschenholz splittert nicht und ist deshalb für den Möbel- und Innenausbau sowie für die Herstellung von Turngeräten und Werkzeugstielen sehr beliebt. Eschenholz zählt zu den Edellaubhölzern und wird eingesetzt, wenn höchste Ansprüche an Festigkeit und Elastizität gestellt werden.

J	F	M	A	**M**	J	J	A	S	O	N	D

Blüten: eingeschlechtlich, zwittrig, einhäusig, zweihäusig; erscheinen vor dem Laubaustrieb

J	F	M	A	M	J	J	A	S	O	N	D

Früchte: geflügelte, hellbraune Nussfrüchte, bleiben oft bis zum Frühjahr hängen

Hainbuche, Weißbuche, *Carpinus betulus*

Familie: Birkengewächse, Betulaceae

Beschreibung:

sommergrüner Baum
bis 25 m hoch
bis 150 Jahre alt
breite, hohe Krone auf oft verdrehtem Stamm

Vorkommen:

vom Tiefland bis 1000 m
Nebenbestandsbaumart in Eichenwäldern
Park- und Heckenpflanze

Blätter:

Oberseite dunkelgrün
Unterseite heller, Hauptnerven leicht behaart

Wissenswertes:

Trotz ihres Namens gehört die Hain- oder Weißbuche nicht zu den Buchen-, sondern zu den Birkengewächsen.

Das dichte, zähe und elastische Holz wird unter anderem für den Klavierbau eingesetzt.

Wegen ihres guten Stockausschlagvermögens und ihrer dichten Belaubung wird die Hainbuche sehr gerne als Hecke angepflanzt.

J	F	M	A	M	J	J	A	S	O	N	D

Blüten: eingeschlechtlich, einhäusig; Blütenkätzchen erscheinen mit der Belaubung

J	F	M	A	M	J	J	A	S	O	N	D

Früchte: Nussfrüchte an dreilappigen Tragblättern

Hasel, Baumhasel, *Corylus colurna*

Familie: Birkengewächse, Betulaceae

Beschreibung: sommergrüner Baum
10 bis 25 m hoch
breite, kegelförmige Krone mit breit abstehenden Ästen

Vorkommen: als Straßenbaum
in Alleen, Park- und Grünanlagen

Blätter: Oberseite glänzend frischgrün
Unterseite heller, Hauptnerven behaart

Wissenswertes: Die Baumhasel ist sehr robust (toleriert Hitze, Trockenheit und Abgase) und wird häufig am Straßenrand oder als Alleebaum angepflanzt.

Die Früchte sind zwar kleiner als die käuflichen Haselnüsse, schmecken jedoch sehr gut.

Das licht braune Holz wird zur Herstellung von Möbeln und Schnitzereien verwendet.

J	F	M	A	M	J	J	A	S	O	N	D

Blüten: eingeschlechtlich, einhäusig; männliche Kätzchen überwinternd, weibliche Blüten erscheinen lange vor dem Laubaustrieb

J	F	M	A	M	J	J	A	S	O	N	D

Früchte: Nussfrüchte (Haselnüsse), von einer tief eingeschnittenen, drüsigen Hülle umgeben, zu mehreren beieinander mit großem Nabel und harter Schale; essbar

Kastanie – Rosskastanie, *Aesculus hippocastanum*

Familie: Seifenbaumgewächse, Sapindaceae

Beschreibung:
sommergrüner Baum
15 bis 25 m hoch
bis 150 Jahre alt
rundliche, hochgewölbte Krone auf kurzem Stamm

Vorkommen:
Park- und Alleebaum
auf Dorfplätzen
in Schulhöfen und Biergärten

Blätter:
5 bis 7 Teilblätter
Oberseite dunkelgrün
Unterseite heller, kahl
Knospen dick und klebrig

Wissenswertes:
Der Name Rosskastanie stammt von der Verwendung der Kastanien für die Fütterung von Pferden und Wild.

Die rot blühende Rosskastanie ist ein Bastard aus weiß blühender Rosskastanie und rot blühender nordamerikanischer Pavie, einem Großstrauch.

Aus Samen, Borke, Blättern und Blüten werden Grundstoffe für die pharmazeutische Industrie gewonnen. Die Kastanien werden für Kosmetika, Farben, Schäume, Stärke, Öle und Futter verwendet.

J	F	M	A	M	J	J	A	S	O	N	D

Blüten: zwittrig, einhäusig; die Blüten werden auch „Kerzen“ genannt; rote Zierform

J	F	M	A	M	J	J	A	S	O	N	D

Früchte: glänzende Kastanien in kugeliger Stachelkapsel; ungenießbar; leicht giftig

Kirsche – Vogelkirsche, *Prunus avium*

Familie: Rosengewächse, Rosaceae

Beschreibung:

sommergrüner Baum
15 bis 30 m hoch
bis 100 Jahre alt
kegel- oder kugelförmige Krone auf schlankem Stamm

Vorkommen:

bis 1700 m Seehöhe
in Laub- und Nadel-Mischwäldern
an Waldrändern

Blätter:

Oberseite glatt, frischgrün
auf Unterseite Blattnerven behaart
rote Nektardrüsen an Blattspreite (siehe Detailbild)

Wissenswertes:

Die Vogelkirsche ist die Wild- bzw. Stammform der Süßkirsche. Verglichen mit dem Kulturobst sind die Früchte der Vogelkirsche aber klein und unergiebig. Der Name geht auf die Vorliebe der Vögel für die kleinen Früchte des Baumes zurück.

Das rötlich-braune Holz wird für Tischlerarbeiten und für den Musikinstrumentenbau verwendet.

J	F	M	A	M	J	J	A	S	O	N	D

Blüten: zwittrig, einhäusig; erscheinen kurz vor der Blattentfaltung

J	F	M	A	M	J	J	A	S	O	N	D

Früchte: lang-gestielte, kugelige, rot bis schwarz-rote Steinfrüchte mit Steinkern; genießbar

Linde – Sommerlinde, *Tilla platyphyllos*

Familie: Malvengewächse, Malvaceae

Beschreibung:
sommergrüner Baum
35 bis 40 m hoch
bis 1000 Jahre alt
kegelförmige, später rundliche Krone auf kurzem Stamm

Vorkommen:
in mittleren Gebirgslagen bis 1000 m Seehöhe
in Laub- und Schluchtwäldern
Park-, Alleebaum; Dorfbaum

Blätter:
Oberseite, Unterseite und Stiel behaart (sehr gut fühlbar im Vergleich zur Winterlinde!)
Ober- und Unterseite gleichfarbig
weiße Haarbüschel in den Nervenachseln (siehe Bild)

Wissenswertes:
Der Lindenblütentee ist ein altes, schweißtreibendes Hausmittel bei grippalen Infekten. Die Blüten enthalten neben ätherischem Öl Flavonoide, Gerb- und Schleimstoffe. Sie werden zusammen mit dem Tragblatt gesammelt.

Das helle, weiche Holz wird in der Bildhauerei, dem Musikinstrumentenbau sowie in der Modelltischlerei und für die Spielzeugherstellung eingesetzt.

J	F	M	A	M	J	J	A	S	O	N	D

Blüten: zwittrig, einhäusig; 2–5 Blüten an einem Stiel hängend

J	F	M	A	M	J	J	A	S	O	N	D

Früchte: fünfkantige Nussfrüchte; holzige, kantige, graufilzige Kapselschale, nicht zerdrückbar

Linde – Winterlinde, *Tilia cordata*

Familie: Malvengewächse, Malvaceae

Beschreibung: sommergrüner Baum
bis 30 m hoch
bis 1000 Jahre alt
hoch gewölbte Krone auf kräftigem Stamm

Vorkommen: von der Ebene bis 1500 m
in Laubmischwäldern
Park-, Alleebaum; Dorfbaum

Blätter: Oberseite glatt (sehr gut fühlbar im Vergleich zu behaarter Sommerlinde!)
Unterseite heller (blaugrün)
braune Haarbüschel in den Nervenachseln (siehe Bild)

Wissenswertes: Der Lindenblütentee ist ein altes, schweißtreibendes Hausmittel bei grippalen Infekten. Die Blüten werden zusammen mit dem Tragblatt gesammelt. Es besteht kein Unterschied zur Sommerlinde.

Das helle, weiche Holz wird in der Bildhauerei, dem Musikinstrumentenbau sowie in der Modelltischlerei und für die Spielzeugherstellung eingesetzt.

J	F	M	A	M	**J**	**J**	A	S	O	N	D

Blüten: zwittrig, einhäusig; 4–12 Blüten an einem Stiel hängend

J	F	M	A	M	J	J	A	**S**	O	N	D

Früchte: kugelige Nussfrüchte, sehr dünne, kaum kantige Kapselschale, leicht zerdrückbar

Pappel – Schwarzpappel, *Populus nigra*

Familie: Weidengewächse, Salicaceae

Beschreibung:
- sommergrüner Baum
- bis 30 m hoch
- bis 300 Jahre alt
- breite, lockere Krone auf geradem Stamm
- ältere Bäume von mächtigem, knorrigem Wuchs

Vorkommen:
in Auwäldern, an Altwässern und in Uferbereichen

Blätter:
- Ober- und Unterseite unbehaart
- Unterseite heller

Wissenswertes:

Pappeln sind die raschwüchsigsten einheimischen Baumarten.

Aus den Knospen kann eine Salbe gegen Entzündungen hergestellt werden.

Das helle, leichte Holz ist für Skulpturenschnitzereien sehr beliebt. Es wird aber auch zu Holzwolle, Zündhölzern und Holzschuhen verarbeitet.

Häufig ist die Kanada- (Bastard-/Hybrid-) Pappel, eine Kreuzung der amerikanischen mit der einheimischen Schwarzpappel, zu finden.

J	F	**M**	**A**	M	J	J	A	S	O	N	D

Blüten: eingeschlechtlich, zweihäusig; männliche und weibliche Kätzchen erscheinen vor dem Laubaustrieb

J	F	M	A	**M**	**J**	J	A	S	O	N	D

Früchte: Kapselfrüchte, die beim Öffnen zahlreiche an weißen Flughaaren hängende Samen freigeben

Pappel – Pyramidenpappel, Säulenpappel, *Populus nigra ,Italica'*

Familie: Weidengewächse, Salicaceae

Beschreibung:

sommergrüner Baum

25 bis 30 m hoch

ab 40 Jahren Alters-brüchigkeit

schmale, säulenförmige Krone mit aufwärts wachsenden Ästen

Vorkommen:

Zier-, Park- und Alleebaum

als Sichtschutz um Industrie-betriebe und Sportanlagen

Blätter:

Oberseite und Unterseite unbehaart

Oberseite glänzend

Unterseite heller

Wissenswertes:

Die Pyramidenpappel, auch Italienische Pappel genannt, hat sich in Vorderasien oder Oberitalien als Mutation der Schwarzpappel als rein männliche Form entwickelt. Die Vermehrung erfolgt nur mit Stecklingen.

J	F	M	A

Blüten: nur männliche

Früchte: Der Baum ist so gut wie immer männlich. Daher werden zwar Blüten (männliche Kätzchen), die denen der Schwarzpappel sehr ähnlich sind (das Bild auf der linken Seite zeigt eine männliche Blüte der Schwarzpappel), gebildet, es entstehen daraus jedoch keine Früchte.

Die Vermehrung der Pyramidenpappel, die in einigen Klonlinien existiert, erfolgt von Hand durch Stecklinge.

Pappel – Zitterpappel, Espe, Aspe, *Populus tremula*

Familie: Weidengewächse, Salicaceae

Beschreibung:

sommergrüner Baum
20 bis 30 m hoch
bis 100 Jahre alt
hohe, breite, lichte Krone auf geradem Stamm

Vorkommen:

von der Ebene bis 1800 m
an Weg- und Waldrändern, Steinhalden und Hecken
Pionierbaum in Brachflächen

Blätter:

Ober- und Unterseite kahl
Unterseite blaugrün
langer, dünner Blattstiel

Wissenswertes:

Die langen, seitlich plattgedrückten Blattstiele bewirken, dass die Blätter schon durch geringe Luftströmungen in Bewegung versetzt werden und das typische Geräusch von „zitterndem“ Espenlaub verursachen.

Das sehr leichte Holz wird zur Herstellung von Faserplatten und Sperrholz sowie für Zahnstocher und Zündhölzer verwendet.

J	F	**M**	**A**	M	J	J	A	S	O	N	D

Blüten: eingeschlechtlich, zweihäusig; männliche und weibliche Kätzchen erscheinen vor dem Laubaustrieb

J	F	M	A	M	J	J	A	S	O	N	D

Früchte: Kapselfrüchte mit zahlreichen weiß behaarten Samen, die in Flocken verdriftet werden

Platane, Ahornblättrige Platane, *Platanus x hispanica*

Familie: Platanengewächse, Platanaceae

Beschreibung:

sommergrüner Baum
bis 45 m hoch
bis 300 Jahre alt
mächtige, weit ausladende Krone

Vorkommen:

Park- und Alleebaum
Straßenbaum

Blätter:

Oberseite glänzend
Unterseite filzig, Blattnerven und Nervenwurzel behaart
derb, fest, ledrig

Wissenswertes:

Die Gemeine Platane (auch Ahornblättrige Platane oder Hybridplatane genannt) ist wahrscheinlich ein Bastard aus Morgenländischer und Amerikanischer Platane.

Die Platane ist ein beliebter, Schatten spendender Stadtbaum, da sie relativ unempfindlich gegen Luftverschmutzung und Abgase ist.

Typisch für die Platane ist das Aussehen ihrer abblätternden Rinde, die kunstvolle Muster bildet.

J	F	M	A	**M**	J	J	A	S	O	N	D

Blüten: eingeschlechtlich, einhäusig; weibliche zu zweit an Stiel; erscheinen mit den Blättern

J	F	M	A	M	J	J	A	S	O	N	D

Früchte: Fruchtkugeln mit Nussfrüchten, verbleiben über Winter am Baum

Robinie, *Robinia pseudoacacia*

Familie: Hülsenfrüchtler, Fabaceae

Beschreibung:

sommergrüner Baum
20 bis 25 m hoch
100 bis 200 Jahre alt
lockere, schirmartige Krone auf häufig schiefem Stamm

Vorkommen:

Park- und Straßenbaum
in Schutt- und Rohböden als Bodenverbesserer
Pionierbaum

Blätter:

11 bis 17 Fiederblätter
Unterseite graugrün, kahl
lange, spitze Dornen an Zweigen beim Blattansatz

Wissenswertes:

Die Robinie ist für Menschen und Tiere stark giftig, besonders Rinde und Früchte.

Sie wird auch als Scheinakazie bezeichnet – echte Akazien sind nicht winterhart.

Das sehr feste und widerstandsfähige Robinienholz wird zu Sportgeräten und Gartenmöbel verarbeitet sowie im Schiffsbau eingesetzt. Robinienholz stellt eine Alternative zu Tropenholz dar.

J	F	M	A	M	J	J	A	S	O	N	D

Blüten: zwittrig, einhäusig; in Trauben an Jungzweigen, angenehm, stark duftend

J	F	M	A	M	J	J	A	S	O	N	D

Früchte: abgeflachte Hülsen mit Samen, bleiben bis zu 1 Jahr nach Reife am Baum; giftig

Traubenkirsche – Gewöhnliche Traubenkirsche, *Prunus padus*

Familie: Rosengewächse, Rosaceae

Beschreibung:

sommergrüner Baum
8 bis 15 m hoch
bis 60 Jahre alt
dicht, meist mehrstämmig
überhängende Zweige

Vorkommen:

vom Tiefland bis 1500 m
in Au- und Bruchwäldern
an Bächen und Flüssen

Blätter:

Oberseite matt dunkelgrün
Unterseite leicht bläulich
die Blattnerven reichen nicht bis zum Blattrand
grüne, unauffällige Nektardrüsen am Blattstiel

Wissenswertes:

Die roh bitter schmeckenden Früchte der Traubenkirsche können zu Saft, Mus oder Marmelade verarbeitet werden.

Die Rinde und die im Fruchtkern enthaltenen Samen sind giftig. Sie enthalten das cyanogene Glykosid Amygdalin, das mit Wasser Blausäure abspaltet.

J	F	M	A	**M**	**J**	J	A	S	O	N	D

Blüten: zwittrig, einhäusig; erscheinen mit der Blattentfaltung, starker honigartiger Geruch

J	F	M	A	M	J	J	A	S	O	N	D

Früchte: erbsengroße, kugelige, glänzend schwarz-rote Steinfrüchte mit Kern; essbar (bitter)

Ulme – Bergulme, Weißrüster, *Ulmus glabra*

Familie: Ulmengewächse, Ulmaceae

Beschreibung:
sommergrüner Baum
30 bis 40 m hoch
bis 400 Jahre alt
hohe, rundliche Krone auf langem Stamm

Vorkommen:
vom Tiefland bis 1300 m
in Laubmischwäldern
in Schluchten und an schattigen Hängen

Blätter:
Oberseite rau, behaart
Unterseite behaart
oft dreispitzig (mehrzipfelig)

Wissenswertes:

Die Ulme ist durch das Ulmensterben – verursacht durch einen vom Borkenkäfer übertragenen Mikropilz – stark gefährdet.

Aufgrund ihres hellen Holzes wird die Bergulme auch als Weißrüster bezeichnet.

Das feste, elastische Holz wird für Drechselarbeiten verwendet sowie zu Furnieren, Möbeln, Parkett, Werkzeugstielen und Sportgeräten verarbeitet.

J	F	M	A	M	J	J	A	S	O	N	D

Blüten: zwittrig, einhäusig; erscheinen lange vor der Belaubung

J	F	M	A	**M**	**J**	J	A	S	O	N	D

Früchte: Flügelnuss, Same in Mitte liegend; reifen zu Beginn des Laubaustriebes

Walnuss, *Juglans regia*

Familie: Walnussgewächse, Juglandaceae

Beschreibung:

sommergrüner Baum
bis 30 m hoch
bis 160 Jahre alt
breite, ausladende Krone auf oft gegabeltem Stamm

Vorkommen:

Allee- und Parkbaum
als Zier- und Fruchtbaum angepflanzt
bis 800 m Seehöhe

Blätter:

5 bis 9 Fiederblätter, ledrig
duften beim Zerreiben nach Terpentin

Wissenswertes:

Walnussbäume werden häufig in Gärten und Plantagen als Fruchtbäume kultiviert.

Die fettreichen Walnusskerne sind eine beliebte Zutat in vielen Speisen (Kuchen, Eis, Salate). Das in den Nusskernen enthaltene Öl wird gepresst und als Speiseöl sowie für technische Zwecke verwendet.

Das dunkle Edelholz wird für Möbel und Furniere verwendet.

J	F	M	**A**	**M**	J	J	A	S	O	N	D

Blüten: eingeschlechtlich, einhäusig; weibliche Blüten am Ende jüngerer Zweige

J	F	M	A	M	J	J	A	S	O	N	D

Früchte: Nussfrüchte, zur Reife platzt die Schale auf und gibt den Kern frei

ARGE
BAUMKIRCHEN,
mit Unterstützung des
Herbst 1993

Weide – Salweide, Palmweide, *Salix caprea*

Familie: Weidengewächse, Salicaceae

Beschreibung: sommergrüner Baum
bis 10 m hoch
bis 60 Jahre alt
aufrechter, mäßig verzweigter Baum

Vorkommen: vom Tiefland bis 2000 m
an Weg- und Waldrändern
Pionierpflanze auf Brachflächen

Blätter: Oberseite kahl, runzelig
Unterseite graufilzig
eingesenkte Blattnerven

Wissenswertes: Die bekannten Palmkätzchen stammen meist von der männlichen Salweide, die im Aufblühen silbrig fellhaarige Kätzchen bildet.

Aufgrund der frühen Blütezeit ist die Salweide eine wichtige erste Futterpflanze für Insekten wie etwa der Honigbiene.

Aus der Rinde der Salweide lässt sich Acetylsalicylsäure (Hauptbestandteil des Aspirin) gewinnen.

J	F	M	A	M	J	J	A	S	O	N	D

Blüten: eingeschlechtlich, einhäusig; Kätzchen erscheinen lange vor dem Laubaustrieb

J	F	M	A	M	J	J	A	S	O	N	D

Früchte: zweiklappige Kapselfrüchte, Samen mit langen, weiß-bräunlichen Flughaaren

Weide – Silberweide, *Salix alba*

Familie: Weidengewächse, Salicaceae

Beschreibung: sommergrüner Baum
bis 35 m hoch
bis 200 Jahre alt
breite, offene Krone auf dickem, verzweigtem Stamm

Vorkommen: vom Tiefland bis 900 m Höhe
an Bach- und Flussufern
in Auwäldern und an Seen
in Überschwemmungsgebieten

Blätter: Oberseite dunkelgrün, kahl
Unterseite graublau, seidig behaart

Wissenswertes: Das in der Weidenrinde enthaltene Salicin wird zur Gewinnung von Acetylsalicylsäure (Aspirin) genutzt.

Die Silberweide wurde häufig als Kopfweide geschnitten und die Weidenruten als Flechtmaterial verwendet.

J	F	M	**A**	**M**	J	J	A	S	O	N	D

Blüten: eingeschlechtlich, einhäusig; Kätzchen erscheinen mit den Blättern

J	F	M	A	M	J	J	A	S	O	N	D

Früchte: Kapselfrüchte mit langen weißen Haarfliegern

Weide – Trauerweide, *Salix alba ‚Tristis‘*

Familie: Weidengewächse, Salicaceae

Beschreibung: sommergrüner Baum
bis 20 m hoch
unregelmäßige, breit gewölbte Krone mit weit ausladenden Ästen mit schlaff bis zum Boden hängenden Zweigen

Vorkommen: Park- und Zierbaum
Gartenbaum
an Seen und Gewässern

Blätter: Oberseite glänzend
Unterseite blaugrün, seidig dicht behaart

Wissenswertes: Die Trauerweide, auch Hängeweide genannt, ist eine Gartenform der Silberweide. Sie ist sehr rasch wachsend. Im Alter ist die Trauerweide bruchgefährdet.

J	F	M	A	M	J	J	A	S	O	N	D

Blüten: eingeschlechtlich, einhäusig, zweihäusig; Kätzchen erscheinen mit den Blättern

J	F	M	A	M	J	J	A	S	O	N	D

Früchte: Kapselfrüchte mit langen weißen Haarfliegern

Weißdorn – Eingriffeliger Weißdorn, *Crataegus monogyna*

Familie: Rosengewächse, Rosaceae

Beschreibung: sommergrüner kleiner Baum oder Großstrauch
bis 10 m hoch
bis 500 Jahre alt
dichte Krone, Dornen an Ästen

Vorkommen: vom Flachland bis 1500 m
als Heckenpflanze
an Waldrändern
wertvolles Vogelschutzgehölz

Blätter: Oberseite kräftig dunkelgrün
Unterseite heller, kahl
starke, ca. 2 cm lange Dornen an den Kurztrieben (Fraßschutz)

Wissenswertes: Der Weißdorn wird auch als Hagedorn bezeichnet, da er sehr gut als Heckenpflanze geeignet ist.

Die Blätter wurden früher als Tabak-Ersatz, die gerösteten und gemahlenen Samen als Kaffee-Ersatz verwendet.

Tee und Extrakte aus Blüten und Blättern werden als herzkräftigende Mittel eingesetzt.

Die mehligen, säuerlich-herb schmeckenden Früchte können zu Kompott, Gelee oder Saft verarbeitet werden.

J	F	M	A	M	J	J	A	S	O	N	D

Blüten: zwittrig, einhäusig; leicht unangenehmer Duft, nur 1 Fruchtknoten (Griffel) –> Name!

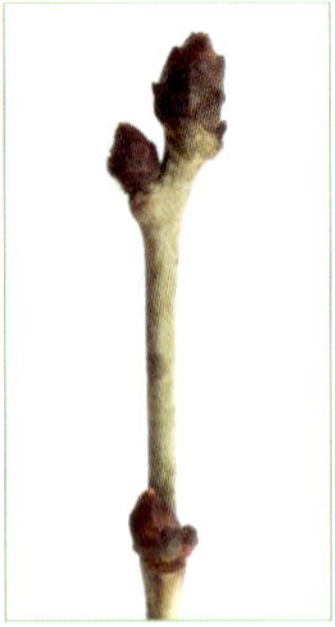

J	F	M	A	M	J	J	A	S	O	N	D

Früchte: scharlachrote kahle glänzende Apfelfrüchte mit 1 Steinkern; essbar (mehlig, säuerlich)

Anhang

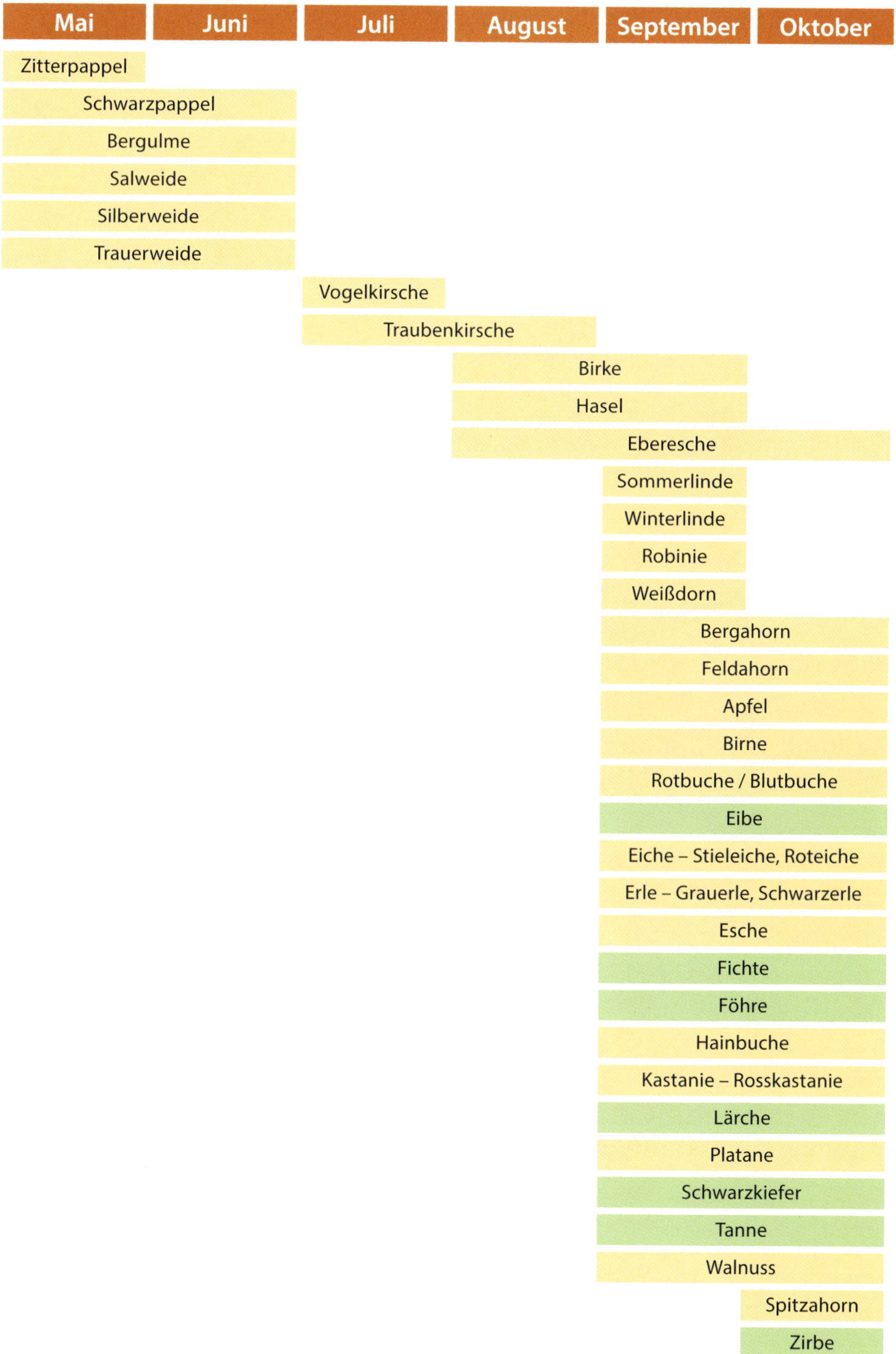
Mai
Juni
Juli
August
September
Oktober
Zitterpappel
Schwarzpappel
Bergulme
Salweide
Silberweide
Trauerweide
Vogelkirsche
Traubenkirsche
Birke
Hasel
Eberesche
Sommerlinde
Winterlinde
Robinie
Weißdorn
Bergahorn
Feldahorn
Apfel
Birne
Rotbuche / Blutbuche
Eibe
Eiche – Stieleiche, Roteiche
Erle – Grauerle, Schwarzerle
Esche
Fichte
Föhre
Hainbuche
Kastanie – Rosskastanie
Lärche
Platane
Schwarzkiefer
Tanne
Walnuss
Spitzahorn
Zirbe

Quellenangaben

Bildnachweise

Alle nachfolgend nicht angeführten Fotos stammen von Margret Gruber-Stadler.

Eibe, weibliche Blüte mit Befruchtungstropfen, S. 28, Wikimedia Commons, Manfred Kunz, Willingen (http://commons.wikimedia.org/wiki/File:MG_2621_Eibe_weiblich_mit_Befruchtungstropfen.jpg)

Coverbild: ©Fotolia: Floydine

Literatur

Steinbachs Großer Pflanzenführer, Verlagsgruppe Weltbild GmbH, Augsburg, 2005.

Welcher Baum ist das? 170 Bäume einfach bestimmen, Zweite Auflage, Franckh-Kosmos-Verlags-GmbH & Co KG, Stuttgart, 2009.

Alles über Bäume. Version 3.2.0. Die Lern- und Wissenssoftware über Bäume, Wald und Holz. Weger Software, Ailastraße 7, D-96346 Wallenfels, http://www.weger-software.com

www.baumkunde.de

de.wikipedia.org

Bundesamt und Forschungszentrum für Wald, http://bfw.ac.at

Land Tirol, https://www.tirol.gv.at/umwelt/wald/

http://www.zirbe.info/zirbe.info

Schlussbemerkung

Zu den Bäumen

Die meisten in diesem Buch abgebildeten Bäume stehen in meiner Heimatgemeinde Volders und in den Nachbargemeinden. Spaziergänger werden die „Modelle" entlang der Spazierwege entdecken und vielleicht – so wie ich – manche ihrer Besonderheiten lieb gewonnen haben. Oder sich einfach an ihrer Schönheit erfreuen und ihre Kraft bewundern.

Die „Pfüa-di Gott Lärch'n" auf den Seiten 27 und 44 steht in meiner ursprünglichen Heimat Steiermark. An ihr ging ich auf meinem Schulweg vorbei. Sie ist für mich eine schöne Erinnerung an die alte Heimat.

Bäume zeichnen die Vergangenheit auf, zeigen uns die Gegenwart und weisen in die Zukunft – sie sind das Leben!

Register

Übersicht: Wann blüht was?

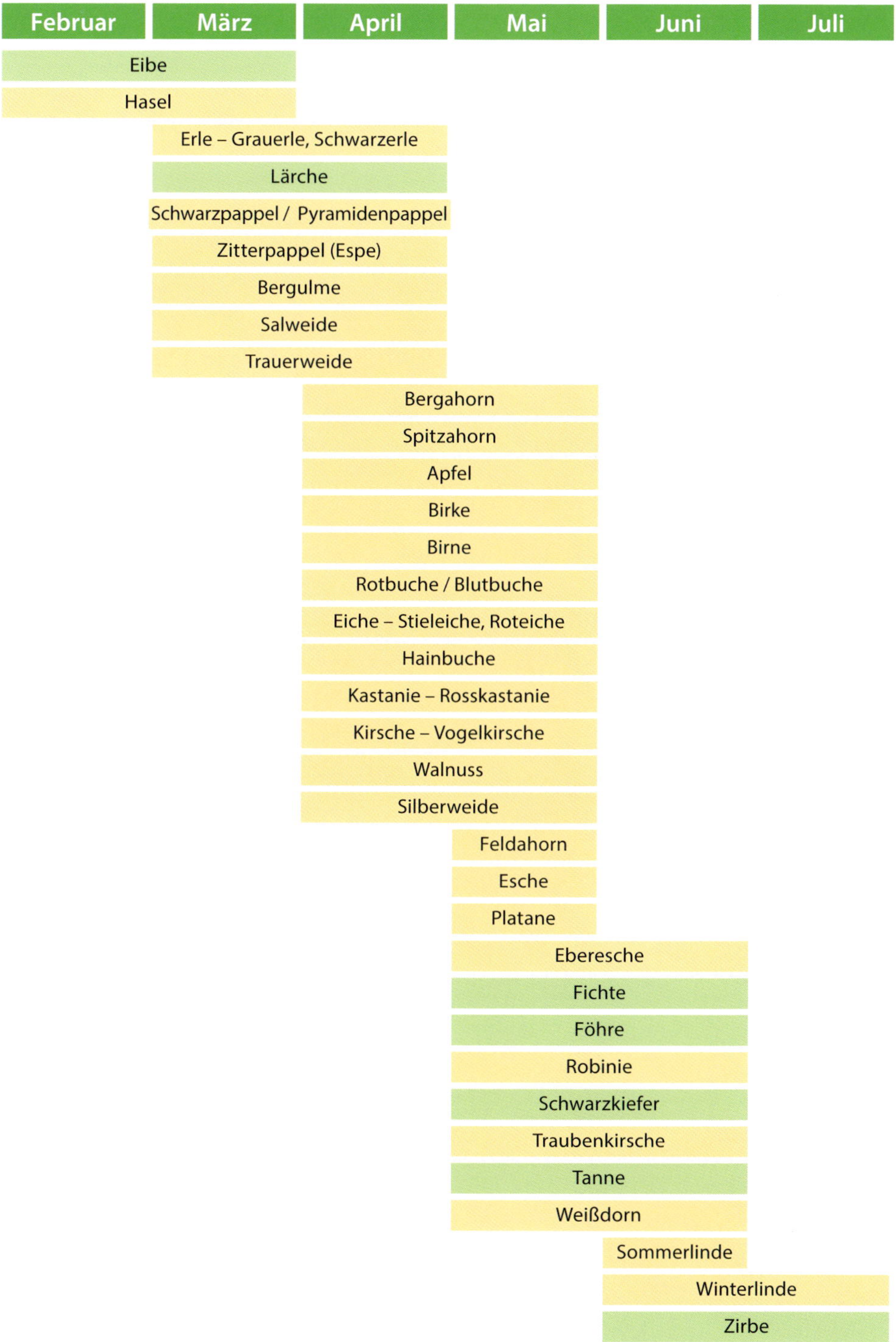
Februar
März
April
Mai
Juni
Juli
Eibe
Hasel
Erle – Grauerle, Schwarzerle
Lärche
Schwarzpappel / Pyramidenpappel
Zitterpappel (Espe)
Bergulme
Salweide
Trauerweide
Bergahorn
Spitzahorn
Apfel
Birke
Birne
Rotbuche / Blutbuche
Eiche – Stieleiche, Roteiche
Hainbuche
Kastanie – Rosskastanie
Kirsche – Vogelkirsche
Walnuss
Silberweide
Feldahorn
Esche
Platane
Eberesche
Fichte
Föhre
Robinie
Schwarzkiefer
Traubenkirsche
Tanne
Weißdorn
Sommerlinde
Winterlinde
Zirbe

Übersicht: Fruchtreife